装配式整体卫生间建筑设计图集

中国工程建设标准化协会厨卫专业委员会 主编
北京正能远传节能技术研究院有限公司

广州鸿力复合材料有限公司 参编

中国建筑工业出版社

图书在版编目（CIP）数据

装配式整体卫生间建筑设计图集/中国工程建设标准化协会厨卫专业委员会，北京正能远传节能技术研究院有限公司主编；广州鸿力复合材料有限公司参编. —北京：中国建筑工业出版社，2019.10
ISBN 978-7-112-24352-5

Ⅰ．①装… Ⅱ．①中… ②北… ③广… Ⅲ．①装配式单元-住宅-卫生间-建筑设计-图集②装配式单元-住宅-浴室-建筑设计-图集 Ⅳ．①TU241-64

中国版本图书馆 CIP 数据核字（2019）第 224192 号

责任编辑：郑淮兵　王晓迪
责任校对：王　烨

装配式整体卫生间建筑设计图集
中国工程建设标准化协会厨卫专业委员会
北京正能远传节能技术研究院有限公司　主编
广州鸿力复合材料有限公司　参编

*

中国建筑工业出版社出版、发行（北京海淀三里河路 9 号）
各地新华书店、建筑书店经销
霸州市顺浩图文科技发展有限公司制版
天津翔远印刷有限公司印刷

*

开本：787×1092 毫米　横 1/16　印张：2¾　字数：52 千字
2020 年 2 月第一版　　2020 年 2 月第一次印刷
定价：**35.00** 元
ISBN 978-7-112-24352-5
（34600）

编　委　会

主任委员：林润泉

副主任委员：陶运喜　陆　曼

委　　　员：鞠树森　刘小良　姜艳霞　郭红蕾　李果成　谢庆武　宋　明　马华超

　　　　　　王　静　龙　斌　李筱梅　赵国广　李昶锋　林　溪　李维新　孙富强

主编单位：中国工程建设标准化协会厨卫专业委员会

　　　　　　北京正能远传节能技术研究院有限公司

参编单位：广州鸿力复合材料有限公司

审查专家：吴德绳　徐荫培　杨家骥　胡瑞深　王锡宁　李学志　柴　杰　郑德家

目　录

图名	目　录	页次	1

编 制 说 明

1 编制目的

    本图集依据住房城乡建设部关于发布《"十三五"装配式建筑行动方案》（建科〔2017〕77 号）进行编制。该方案明确重点任务之一是要"建立完善覆盖设计、生产、施工和使用维护全过程的装配式建筑标准规范体系，有助于住宅产业化发展，符合国家和地方建筑产业化政策"。

    装配式整体卫生间将卫生间内各构件、配件、设备、设施等部件集成为建筑部品，实现工厂生产、现场组装，以标准化、模数化为设计基础进行编制。为了规范装配式整体卫生间技术形成系统配套的技术水平，推动装配式整体卫生间在全国建筑领域范围内得到广泛应用，特编制本图集。

    装配式整体卫生间由防水底盘、墙体板、顶板构成整体框架，配置各种功能洁具，形成独立卫浴单元，具有标准化生产、快速安装、防渗漏等多种优点，可在最小的空间内达到整体效果，满足使用功能需求。装配式整体卫生间的墙体材料由瓷砖面材、铝蜂窝芯、聚氨酯和玻璃纤维等材料复合而成，按照设计尺寸，在模具里反打瓷砖通过热压成型。该铝蜂窝复合结构配合不同的面材可作为装配式整体卫生间的防水盘、墙体板和顶板使用。该蜂窝复合材料饰面材可复合瓷砖、石材等各种饰面材料，外观和敲击感与传统卫浴无异。不受尺寸形状制约，可用于生产较大面积、形状不规则的卫生间。

2 适用范围

    2.1 本图集适用于新建、改建、扩建的民用建筑装配式整体卫生间设计。既有建筑卫生间改造可参照使用，也可根据既有卫生间进行定制。

    2.2 本图集供住宅建筑设计人员方案设计、初步设计、施工图设计时选用，房地产开发商、施工企业、装饰装修企业和卫生设备生产厂家使用。

3 术语

    3.1 装配式整体卫生间

    由卫生洁具、装配式构件和配件经工厂生产、现场组装而成的具有卫生功能的空间。

    3.2 装配式构件

    卫生间的墙体板、顶板、防水底盘等。

    3.3 防水底盘

    具有承载墙板、卫生设备和洁具安装、防水、防渗漏功能的底面盘形构件。

    3.4 净空尺寸

    卫生间的墙板、顶板和防水底盘所包围空间的内部尺寸。

    3.5 预留尺寸

| 图名 | 编制说明 | 页次 | 2 |

卫生间墙板外表面与外围墙体内表面之间、防水底盘下缘与结构楼板上表面之间、顶板上缘与楼盖结构板底面之间的尺寸。

3.6 远传表

具有信号采集和数据处理、存储、通信功能的计量装置（远传水表、远传电能表、远传燃气表和远传热量表等）。

3.7 远传抄表系统

由远传表、采集器、集中器与主站，或远传表、集中器与主站，或远传表与主站构成，通过本地信道与/或远程信道连接起来组成网络，能够运行抄表系统软件，实现远程自动抄表功能的系统。

4 编制依据

本图集依据下列文件、标准和规范。

住宅设计规范 GB 50096

住宅建筑规范 GB 50368

民用建筑设计统一标准 GB 50352

无障碍设计规范 GB 50763

建筑给水排水设计规范 GB 50015

住宅卫生间功能及尺寸系列 GB/T 11977

整体浴室 GB/T 13095

住宅建筑模数协调标准 GB/T 50100

民用建筑供暖通风与空气调节设计规范 GB 50736

住宅整体卫浴间 JG/T 183

装配式整体卫生间应用技术标准 JGJ/T 467

民用建筑电气设计规范 JGJ 16

住宅卫生间模数协调标准 JGJ/T 263

住宅室内防水工程技术规范 JGJ 298

5 装配式整体卫生间类型及选用

装配式整体卫生间类型及功能选用根据《住宅整体卫浴间》JG/T 183 来选用，不同组合可按表1选取。

整体卫浴间类型功能表　　　　　表1

型　式	类型	功　能
单一功能	便溺类型	供排便用
	盥洗类型	供盥洗用
	淋浴类型	供淋浴用
	盆浴类型	供盆浴用
双功能组合式	便溺、盥洗类型	供排便、盥洗用
	便溺、淋浴类型	供排便、淋浴用
	便溺、盆浴类型	供排便、盆浴用
	盆浴、盥洗类型	供盆浴、盥洗用
	淋浴、盥洗类型	供淋浴、盥洗用
多功能组合式	便溺、盥洗、盆浴类型	供排便、盥洗、盆浴用
	便溺、盥洗、淋浴类型	供排便、盥洗、淋浴用
	便溺、盥洗、盆浴、淋浴类型	供排便、盥洗、盆浴、淋浴用

在选用功能组合时，应综合考虑套型面积、使用人数、服务对象、户内卫生间数量等因素，合理选用。装配式整体卫生间按布置形式可分为：

图名	编制说明	页次	3

5.1 集合式布置：在一个较小的空间中紧凑布置盥洗、便溺及淋浴功能，功能之间没有明确的分隔（可用浴帘轻度分离干区和湿区），适用于面积较小的住宅。

5.2 干湿分离布置：干区与湿区之间设置隔断构件，明确分隔区域。

5.3 功能分离布置：在干湿分离的基础上，将盥洗、便溺、淋浴及浴缸用墙体分隔，可供两种或三种功能同时使用，且互不干扰，住宅卫生间布局推荐该类型。

5.4 无障碍布置：主要考虑轮椅的卫生间使用环境。

6 建筑技术要求

6.1 方案设计阶段控制要点

6.1.1 根据工程需求确定卫生间基本使用功能及平面布局。

6.1.2 确定干湿分离程度。

6.1.3 整体卫生间净尺寸应模数化。

6.2 初步设计阶段控制要点

6.2.1 确定装配式整体卫生间主体构件的材料及部品尺寸。

6.2.2 结合模数设计确定门窗尺寸、定位。

6.2.3 计算平面安装尺寸，以确定土建墙体的安装顺序及定位。

6.2.4 确定卫生间排水方式，计算竖向尺寸。

6.2.5 确定卫生间排风方式，直排排风口计算外墙留洞高度。

6.2.6 确认立管、风道布置的可行性。

6.3 施工图设计阶段控制要点

6.3.1 确认完成面饰面材质和使用空间净尺寸。

6.3.2 确认整体卫生间构件、设备设施及配件的完整性。

6.3.3 整体卫生间厂家产品技术性能指标应满足相关技术要求，产品施工图由厂家提供，施工前由厂家完成交底图，复核所有土建、设备设施条件，并经主体设计单位确认后方可施工。

6.4 装配式整体卫生间平面尺寸的选择

装配式整体卫生间平面尺寸以现行国家标准《住宅卫生间功能及尺寸系列》GB/T 11977 为依据进行选择（表2）。图中所示的平面净空尺寸为装配式整体卫生间净空尺寸。

装配式整体卫生间平面尺寸选择表　单位：mm　表2

方向	卫生间尺寸系列（净尺寸）								
长向	1200	1300	1500	1600	1800	2100	2200	2400	2700
短向	900	1100	1200	1300	1500	1600	1700	1800	
高度	≥2200								

6.4.1 本图集集合式布置以 1600mm×1800mm 类型为例进行设计，其余尺寸类型可参照设计。

6.4.2 本图集干湿分离布置以 1500mm×2100mm 类型为例进行设计，其余尺寸类型可参照设计。

6.4.3 本图集功能分离布置以 1500mm×1700mm 类型为例进行设计，其余尺寸类型可参照设计。

6.4.4 本图集无障碍布置以 1800mm×2400mm 类型为例进行设计，其余尺寸类型可参照设计。

6.5 装配式整体卫生间的建筑模数为 1M 或 1.5M，建筑净尺寸应符合模数协调标准，并应满足成套性、通用性和互换性的要求，以满足卫生设备的更换维修要求。

6.6 本图集按暗卫生间设计，遇有明卫生间情况，需改变相应墙面设备及配件位置。

6.7 卫生间层高按 2700mm 考虑，净高按 2500mm 考虑。

6.8 若卫生间设有吊柜，吊柜需用膨胀螺栓或吊码与墙体连接固定，要求每个吊柜至少有两个吊点，吊点应锚固牢固，保证载重安全。

6.9 洗面器、淋浴器、坐便器及低水箱等陶瓷制品应符合《卫生陶瓷》GB/T 6952 的规定，也可采用玻璃纤维增强塑料或人造石制作，并应符合相应的标准，不同材料制品的浴缸应符合相应的国家标准。

6.10 燃气热水器禁止设置在装配式整体卫生间内，可就近设于厨房、阳台等位置。电热水器设置在装配式整体卫生间内时，其安装应直接受力于结构墙体、梁板，且采取有效的防潮防锈蚀措施。

7 结构技术要求

7.1 装配式整体卫生间应根据厂家提供的净重量折算为楼面恒荷载进行设计，楼面设计活荷载为 2.5kN/m²。

7.2 装配式整体卫生间安装完成后重量完全由楼地面承受，墙体板、顶棚等均不应受力。

7.3 结构梁柱不得突入降板范围。

7.4 装配式整体卫生间内设置超过 20kg 的热水器等重物时，应采用专门的悬挂措施。

7.5 下沉楼板宜采用现浇钢筋混凝土并设防水层。

8 给水排水系统技术要求

8.1 本图集给水排水管道按多层住宅布置，排水系统采用普通伸顶通气系统，当住宅层数为中高层、高层时，可根据具体工程要求布置给水排水管道。

8.2 装配式整体卫生间有安装管道的侧面与墙面之间预留空间应≥30mm，无安装管道的侧面与墙面之间应预留≥20mm 左右的安装空间。

8.3 建筑主体应配合做好冷、热水管的预留与衔接，管道、管件接口应互相匹配，连接方式安全可靠、无渗漏。管道、管件应定尺定位设计，施工误差精度为±5mm。

8.4 本图集的分户水表均设置在卫生间外的管井中，水表宜采用远传表等智能计量器，抄表系统宜采用远传抄表系统。

8.5 各种管道（冷、热、排水管）应综合考虑，给水管应布置在装配式整体卫生间与建筑墙体之间的预留位置内，排水集中在防水底盘中，统一排出。

8.6 管材选用应配合推广应用化学建材，各地可按国家和当地建设主管部门的规定规程或工程设计要求根据设计选用塑料管、金属管或复合管。本图集各类卫生设备安装采用以下管材：

1）冷、热水管采用无规共聚聚丙烯管道（PP-R）。

| 图名 | 编制说明 | 页次 | 5 |

2）排水管除卫生洁具自带成套管件外，均采用建筑排水用硬聚氯乙烯（PVC-U）管道。

8.7 装配式整体卫生间宜预留智能化坐便器给水接口。

8.8 管道穿墙处必须设置防水套管，并在施工完毕后做防水测试。

9 通风系统技术要求

9.1 装配式整体卫生间的门应在下部设有效截面积不小于 0.02m² 的固定百叶或距地面留出不小于 30mm 的缝隙。

9.2 装配式整体卫生间的排气道不得与厨房的排气道共用，燃气热水器的排气管不得接入住宅排气道内。其他管线禁止穿越住宅排气道。

9.3 本图集变压式排风道工程设计时，根据建筑层数、排风道类型确定实际尺寸。变压式排风道可单独设置在卫生间内，也可设置在卫生间外。

9.4 装配式整体卫生间采用竖向排气道的排气系统由通风器、防火止回阀、竖向排气道、屋顶风帽等部分组成。

9.5 本图集卫生间采用变压式排风道，进气口安装导流式止回排气阀，防止上、下楼层间串味。

9.6 本图集变压式排风道进风口尺寸预留 110mm×110mm 孔洞，也可根据工程实际情况确定进风口尺寸。

9.7 卫生间内采用变压式排气道排除污气。排气道做法详见《住宅厨房卫生间防火型变压式排气道图集》BK 2006-01。

10 供暖系统技术要求

10.1 本图集按卫生间不同平面布置形式确定供暖方式，宜采用散热器供暖和浴室浴霸供暖两种方式。

10.2 本图集中散热器的安放位置、散热器类型和接管位置由个体设计确定，应充分考虑空间合理利用。

10.3 卫生间浴室浴霸禁止安装在水喷头之下和溅水严重的地方。

11 电气及智能化系统技术要求

11.1 电气管线的引入应结合具体套型内电气设计图纸进行优化，必要时可协调设计单位配合，宜减少不必要的穿越线路。引入的电气线路主要包含插座线路、照明线路、浴霸线路。

11.2 电气应严格按本图集所示的等电位联结示意图做完善的等电位连接。等电位端子板（LEB）通常在住宅电气设计时预留，等电位连接线统一开孔敷设，宜减少开孔数量。

11.3 所有布置于卫生间的电气设备、电源插座及灯具等均应选用防潮型，且均应根据设计定尺定位安装。

11.4 电源插座与照明各设独立回路，采用浴室浴霸时另设独立回路，宜在浴霸开关与浴霸之间预留管线槽。

11.5 应特别注意浴霸的安装，应根据不同产品，考虑其重量的影响。

11.6 装配式整体卫生间应预留智能化坐便器用电接口。

12 施工技术要求

12.1 安装尺寸要求

装配式整体卫生间的外围墙体、上下结构楼板、梁所围合的空间尺寸不应小于产品的安装尺寸。

12.2 安装方式

装配式整体卫生间的安装方式为后装式，即在所有外围墙体完成之后安装整体卫生间，也可以保留一面墙体，等底盘安装完成后再做其他面的墙体，需要根据现场搬运通道尺寸和底盘尺寸大小确定。在安装之前应提前考虑所有产品构件尺寸是否可通过卫生间门洞、窗洞及走道运输进入，并控制外围墙体的施工误差。

12.3 装配式整体卫生间墙体板及外围墙体开洞分为两种：

1）窗洞口：若装配式整体卫生间有明窗，窗户高度不宜高出整体卫生间墙体板，如窗户高度确须高出整体卫生间墙体板时，应将窗户上部设计为固定扇，采取磨砂或覆膜处理。装配式

整体卫生间外窗洞口墙垛应≥100mm，外围墙体窗洞口与墙体板洞口采用窗套收口。

2）门洞口：门洞平面位置应根据整体卫生间平面布置定位，门洞中心线应与整体卫生间门中心线重合。土建门洞预留宽度＝部品门框＋50mm，土建门洞预留高度不应小于卫生间部品的墙体板门洞高度。装配式整体卫生间门垛应≥50mm。外围墙体门洞口与墙体板洞口采用门套收口，防水盘与外部地面采用门头石收口。

13 其他

本图集尺寸单位除特别注明外，均以毫米（mm）为单位。

14 图例

本图集卫生间设备与五金配件代号

B-坐便器	X-洗面器	LY-淋浴器
P-排气道	T-通风器	G-管道井
D-地漏		

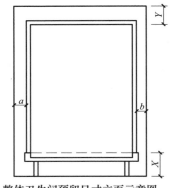

整体卫生间预留尺寸立面示意图

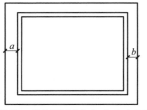

整体卫生间预留尺寸平面示意图

装配式整体卫生间常用预留尺寸设计表　　　　　　　　　　单位：mm

		室外完成面与降板底面之间的距离(X)	壁板上缘与上方结构楼板之间(Y)	
			手持电钻安装顶板	无需手持电钻安装顶板
垂直方向		同层排水坐便器下排(X)≥250 同层排水坐便器墙排(X)≥150 异层排水(X)≥110 使用蹲便器时(X)≥450	≥200	≥70
水平方向		壁板外表面与外围墙体内表面之间		
	有安装管道一侧(a)	≥30	两侧共预留 ($a+b$)	≥50
	无安装管道一侧(b)	≥20		

注：
1. 本表为装配式整体卫生间安装所需预留尺寸。
2. 装配式整体卫生间的外围墙体、上下结构楼板、梁所围合的空间尺寸不应小于产品的安装尺寸。

图名	整体卫生间常用预留尺寸示意图	页次	8

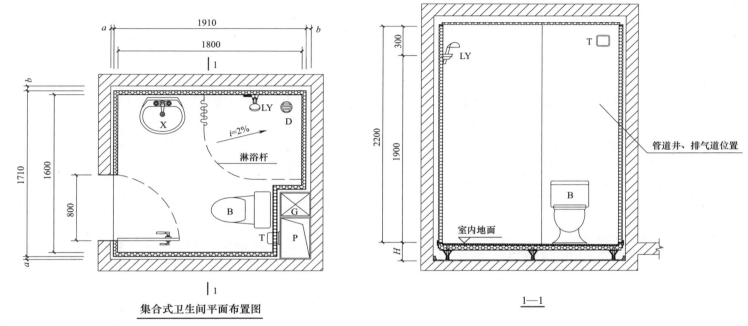

集合式卫生间平面布置图

1—1

注：

1. 本图为集合式卫生间平面布置图，平面尺寸以 1600mm×1800mm 为例进行说明，平面设备位置仅为示意，具体工程由实际情况确定。

2. 本图中 a、b 尺寸见 P8。

3. 本图的给水排水管线布置图、采暖管布置示意图及局部等电位连接示意图参见 P30、P31、P32。

4. 本图采用的排气道尺寸以 430mm×300mm 为例进行说明，具体工程由实际情况确定。

5. 地面防水由工程设计确定。

| 图名 | 集合式卫生间平面布置图 | 页次 | 9 |

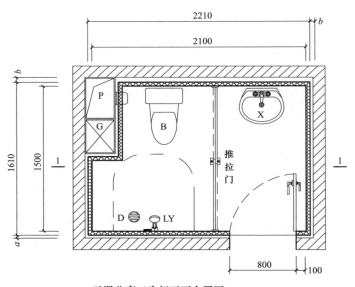

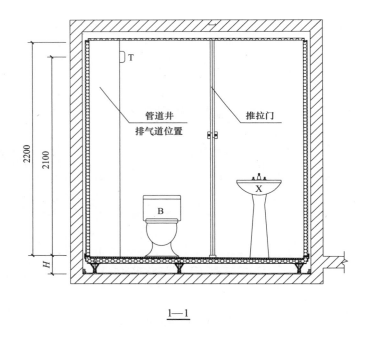

1—1

干湿分离卫生间平面布置图

注：

1. 本图为干湿分离卫生间平面布置图，平面尺寸以 1500mm×2100mm 为例进行说明，平面设备位置仅为示意，具体工程由实际情况确定。

2. 本图中 a、b 尺寸见 P8。

3. 本图的给水排水管线布置图、采暖管布置示意图及局部等电位连接示意图参见 P30、P31、P32。

4. 本图采用的排气道尺寸以 430mm×300mm 为例进行说明，具体工程由实际情况确定。

5. 地面防水由工程设计确定。

| 图名 | 干湿分离卫生间平面布置图 | 页次 | 10 |

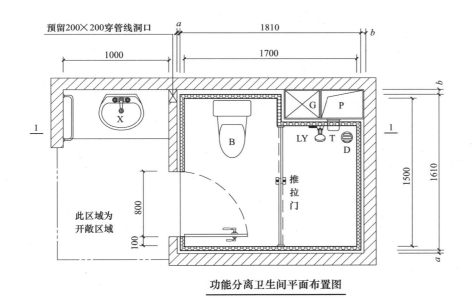

功能分离卫生间平面布置图

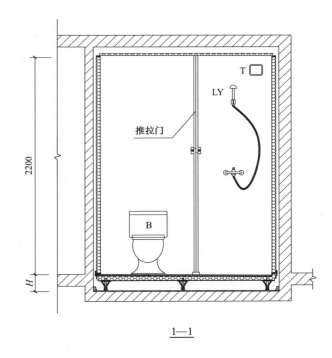

1—1

注：

1. 本图为功能分离卫生间平面布置图，平面尺寸以 1500mm×1700mm 为例进行说明，平面设备位置仅为示意，具体工程由实际情况确定。

2. 本图中 *a*、*b* 尺寸见 P8。

3. 本图的给水排水管布置图、采暖管布置示意图及局部等电位连接示意图参见 P30、P31、P32。

4. 本图采用的排气道尺寸以 430mm×300mm 为例进行说明，具体工程由实际情况确定。

5. 地面防水由工程设计确定。

6. 淋浴间采用推拉门。

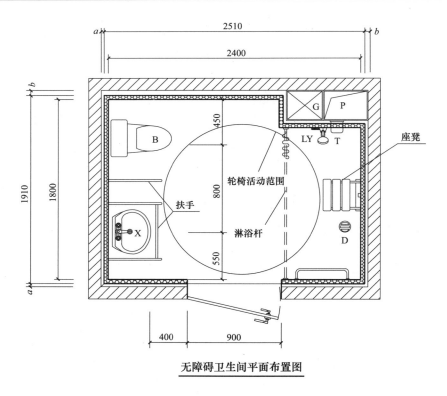

无障碍卫生间平面布置图

注：

1. 本图为无障碍卫生间平面布置图，平面设计应符合《无障碍设计规范》GB 50763 的相关规定。本图平面尺寸以 1600mn×180mm 为例进行说明，平面设备位置仅为示意，具体工程由实际情况确定。

2. 本图中 *a*、*b* 尺寸见 P8。

3. 坐便器两侧和洗浴单元均设置了安全抓杆，在墙面一侧设置了高 1400mm 的垂直抓杆。安全抓杆直径应为 30mm～40mm。安全抓杆内侧距墙面 40mm。

4. 卫生间单位门设置向外开启并采用门外可紧急开启的门插销。

5. 本图的给水排水管线布置图、采暖管布置示意图及局部等电位连接示意图参见 P30、P31、P32。

6. 本图采用的排气道尺寸以 430mm×300mm 为例进行说明，具体工程由实际情况确定。

7. 地面防水由工程设计确定。

图名	无障碍卫生间平面布置图	页次	12

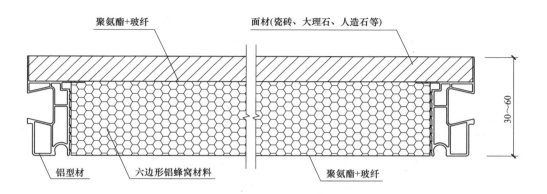

聚氨酯+玻纤　　　　　　　　面材(瓷砖、大理石、人造石等)

铝型材　　六边形铝蜂窝材料　　　　　聚氨酯+玻纤

30～60

墙体板构造示意图

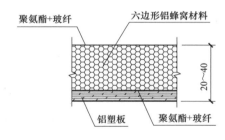

聚氨酯+玻纤　　　六边形铝蜂窝材料

铝塑板　　　聚氨酯+玻纤

20～40

顶板构造示意图

注：墙体板和顶板是先用金属制成蜂窝，然后两边用玻璃纤维把它夹起来就成了蜂窝结构，这种蜂窝结构强度高、重量轻，并有益于隔声和隔热。

图名	墙体板、顶板构造示意图	页次	13

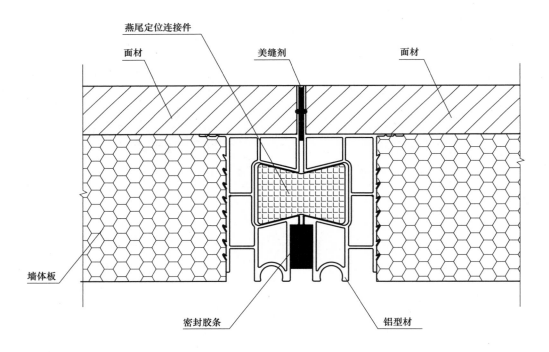

燕尾定位连接件

美缝剂

面材

面材

墙体板

密封胶条

铝型材

墙体板间连接节点示意图

注：墙体板间采用燕尾定位连接件，并加橡胶密封条密封，面材采用美缝剂。

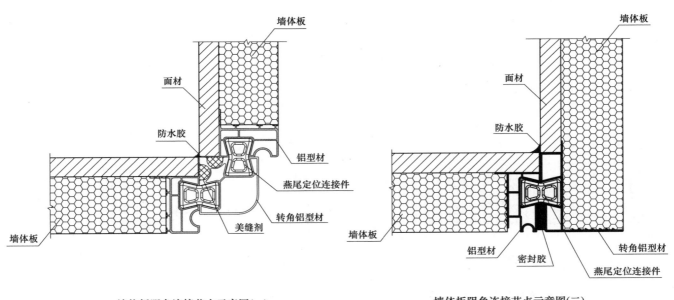

墙体板

面材

防水胶

铝型材

燕尾定位连接件

转角铝型材

墙体板

美缝剂

墙体板阴角连接节点示意图(一)

墙体板

面材

防水胶

墙体板

铝型材

密封胶

转角铝型材

燕尾定位连接件

墙体板阴角连接节点示意图(二)

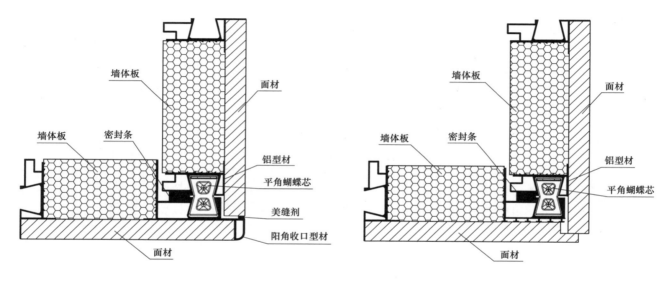

墙体板阳角连接防水节点示意图(一)　　　　　墙体板阳角连接防水节点示意图(二)

墙体板　面材　密封条　铝型材　平角蝴蝶芯　美缝剂　阳角收口型材

| 图名 | 墙体板阳角连接防水节点示意图 | 页次 16 |

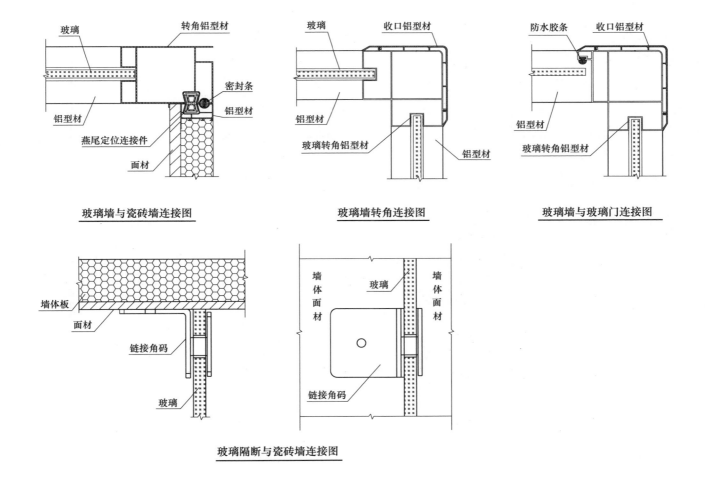

玻璃墙与瓷砖墙连接图   玻璃墙转角连接图   玻璃墙与玻璃门连接图

玻璃隔断与瓷砖墙连接图

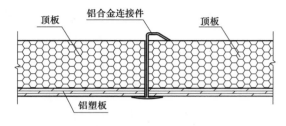

顶板间连接图(一)

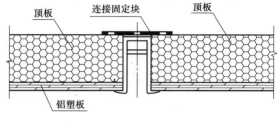

顶板间连接图(二)

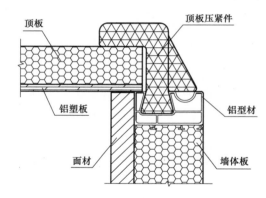

顶板与墙体板连接图

| 图名 | 顶板连接节点图 | 页次 | 18 |

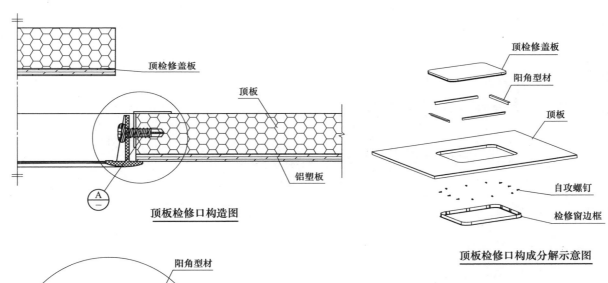

顶检修盖板

顶板

铝塑板

A／

顶板检修口构造图

顶检修盖板

阳角型材

顶板

自攻螺钉

检修窗边框

顶板检修口构成分解示意图

阳角型材

顶板

铝塑板

检修窗边框

自攻螺钉

A 放大

| 图名 | 顶板检修口构造图 | 页次 | 19 |

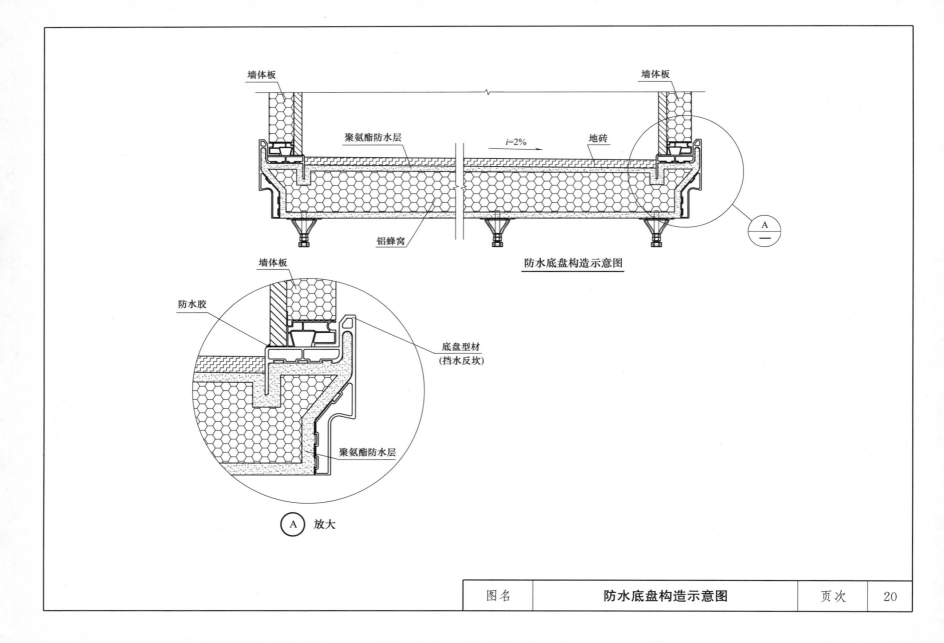

墙体板

墙体板

聚氨酯防水层

地砖

$i=2\%$

铝蜂窝

防水底盘构造示意图

A
—

墙体板

防水胶

底盘型材
(挡水反坎)

聚氨酯防水层

A 放大

| 图名 | 防水底盘构造示意图 | 页次 | 20 |

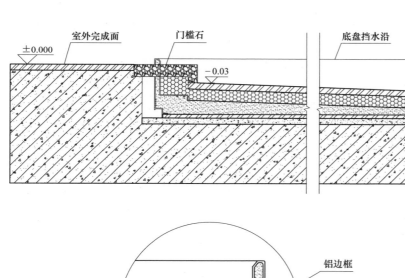

室外完成面　　门槛石　　　　　　底盘挡水沿　　　　　　　　Ａ

±0.000

−0.03

−0.05

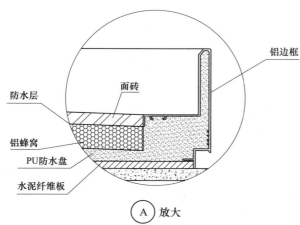

防水层

面砖

铝边框

铝蜂窝

PU防水盘

水泥纤维板

Ａ　放大

注：挡水沿高度为 60mm，即地面最低处的闭水高度为 60mm。

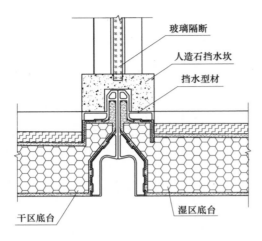

玻璃隔断
人造石挡水坎
挡水型材
干区底台   湿区底台

防水底盘拼接处装玻璃

挡水型材
干区底台   湿区底台

防水底盘拼接处为挡水型材

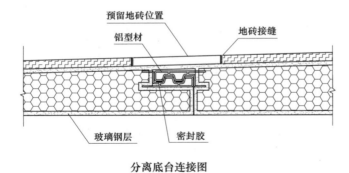

预留地砖位置
铝型材
地砖接缝
玻璃钢层   密封胶

分离底台连接图

注：分离底台连接时，使其与周边的玻璃钢层完全缝合后，
再铺设地砖层以及找坡，确保防水底盘不漏水。

| 图名 | 防水底盘拆分拼接节点图 | 页次 | 22 |

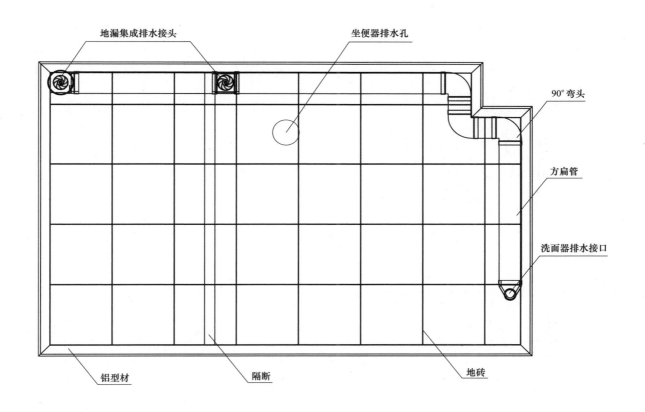

地漏集成排水接头

坐便器排水孔

90°弯头

方扁管

洗面器排水接口

铝型材

隔断

地砖

注：本图各设备接口位置仅为示意，具体安装位置由设计确定。

| 图名 | 防水底盘集成排水构造图 | 页次 | 23 |

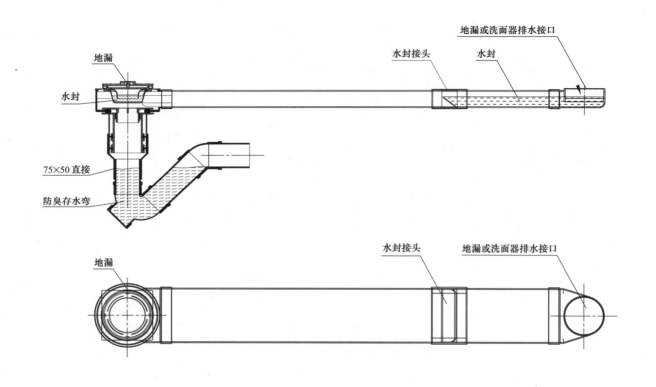

地漏或洗面器排水接口

水封接头

水封

地漏

水封

75×50直接

防臭存水弯

地漏

水封接头

地漏或洗面器排水接口

注：本图的集成排水为污废分离，集成于地漏口下水。

| 图名 | 集成排水水封示意图（一） | 页次 | 24 |

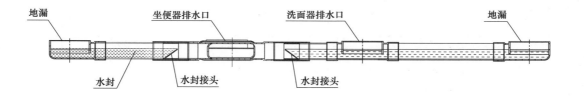

地漏　　　坐便器排水口　　　洗面器排水口　　　地漏

水封　　　水封接头　　　水封接头

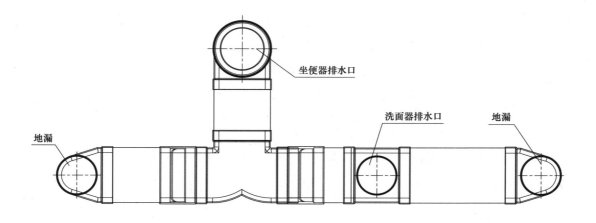

坐便器排水口

洗面器排水口　　　地漏

地漏

注：本图的集成排水为污废合流，集成于坐便器排水口。

| 图名 | 集成排水水封示意图（二） | 页次 | 25 |

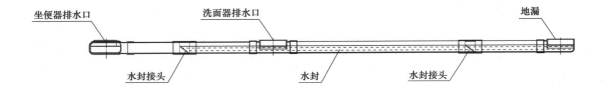

坐便器排水口　　　　洗面器排水口　　　　　　　　地漏

水封接头　　　　水封　　　　水封接头

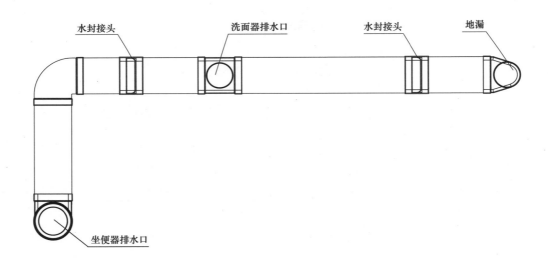

水封接头　　　　洗面器排水口　　　　水封接头　　　地漏

坐便器排水口

注：本图的集成排水为污废合流，集成于坐便器排水口。

图名	集成排水水封示意图（三）	页次	26

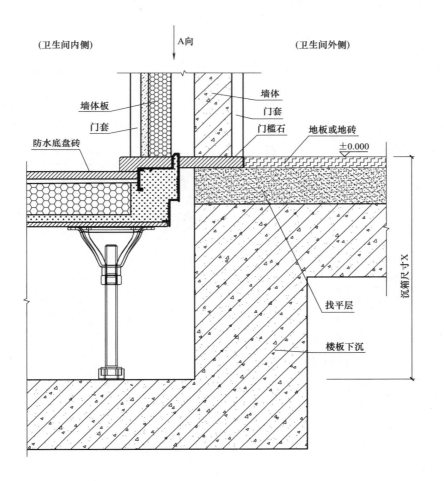

(卫生间内侧)　　　　　　　　A向　　　　　　　(卫生间外侧)

墙体板

门套

防水底盘砖

墙体

门套

门槛石

地板或地砖

±0.000

沉箱尺寸X

找平层

楼板下沉

注：
1. A向旋转视图见 P28。
2. 门槛石材料宜为石英石。
3. 沉箱尺寸 X 见 P8。

| 图名 | 过门石（门套）与卫生间连接节点图 | 页次 | 27 |

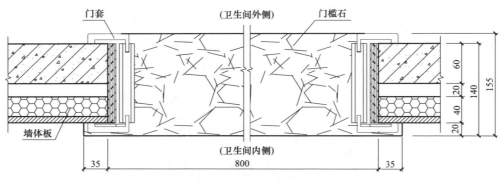

门套　　　　　　　(卫生间外侧)　　　门槛石

墙体板

(卫生间内侧)

35　　　　　　　800　　　　　　　35

60　140　155　20　40　20

过门石、门框做法(一)

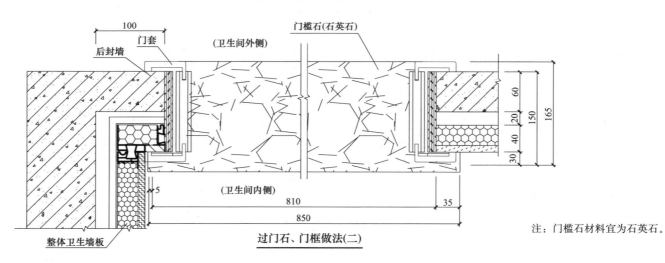

100

门套　　　　　　(卫生间外侧)　　　门槛石(石英石)

后封墙

整体卫生墙板

(卫生间内侧)

810　　　　　　35

850

60　150　165　20　40　30

5

过门石、门框做法(二)

注：门槛石材料宜为石英石。

图名	过门石、门框做法大样图	页次	28

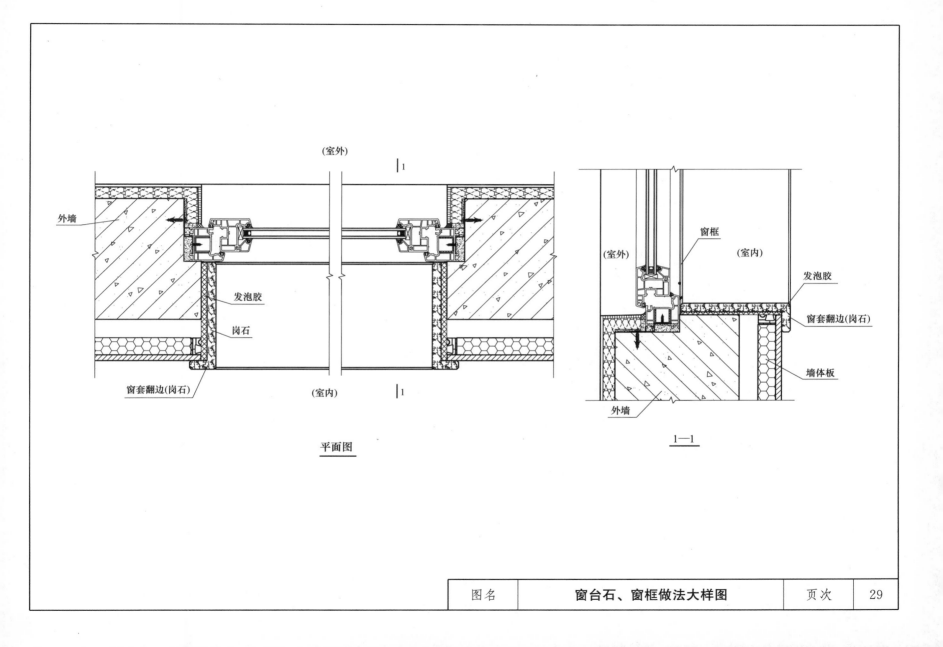

(室外)

外墙

发泡胶

岗石

窗套翻边(岗石)

(室内)

平面图

窗框

(室外)   (室内)

发泡胶

窗套翻边(岗石)

墙体板

外墙

1—1

| 图名 | 窗台石、窗框做法大样图 | 页次 | 29 |

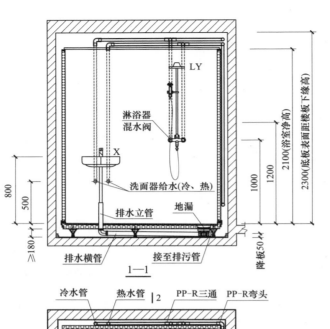

LY

淋浴器
混水阀

X

洗面器给水(冷、热)

地漏

排水立管

≥180

排水横管   接至排污管

降板50

1—1

800
500

1000
1200
2100(浴室净高)
2300(底板表面距面距楼板下缘高)

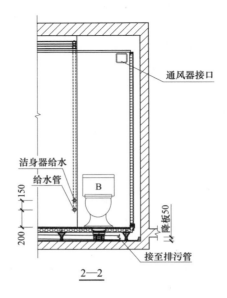

通风器接口

洁身器给水

给水管

B

降板50

150
200

接至排污管

2—2

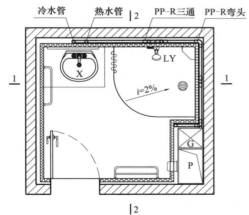

冷水管   热水管   2   PP-R三通   PP-R弯头

X

LY

i=2%

1   1

G

P

2

注:
1. 本图层高按 2500mm 考虑。
2. 地漏防水坐便器防水节点参见 P34。

| 图名 | 给水排水管线布置图 | 页次 | 30 |

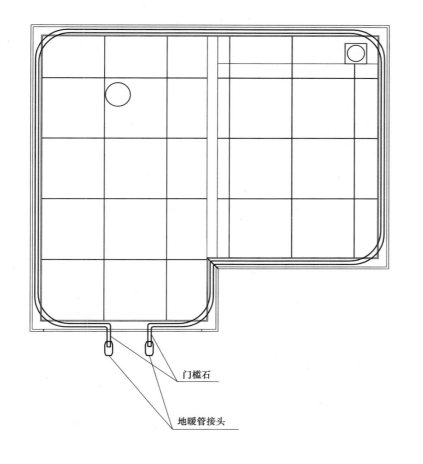

门槛石

地暖管接头

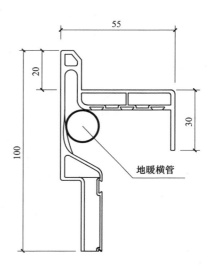

55

20

100

30

地暖横管

底盘边框型材截面

| 图名 | 采暖管布置示意图 | 页次 | 31 |

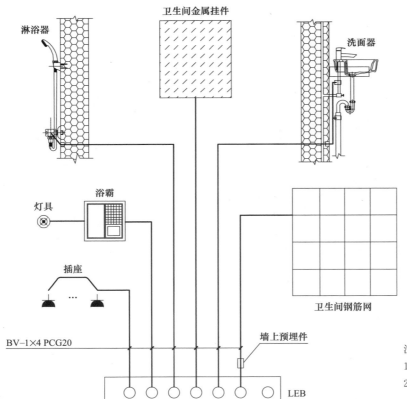

淋浴器

卫生间金属挂件

洗面器

浴霸

灯具

插座

卫生间钢筋网

BV-1×4 PCG20

墙上预埋件

LEB

注：

1. 浴霸为吸顶安装。

2. LEB为等电位端子板，嵌墙安装，距地宜为300mm。

| 图名 | 局部等电位连接示意图 | 页次 | 32 |

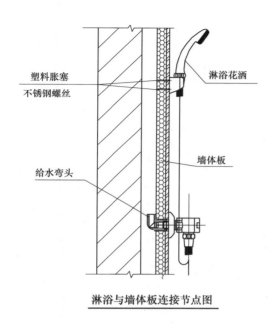

塑料胀塞
不锈钢螺丝
淋浴花洒
墙体板
给水弯头

淋浴与墙体板连接节点图

墙体板
洗面器
镀锌钢板
不锈钢三角支撑架
固定锁紧结构

洗面器与墙体板连接节点图

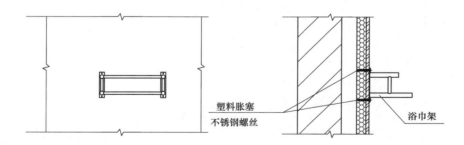

塑料胀塞
不锈钢螺丝
浴巾架

挂件与墙体板连接节点图

图名	设备及挂件与墙体板连接通用节点图	页次	33

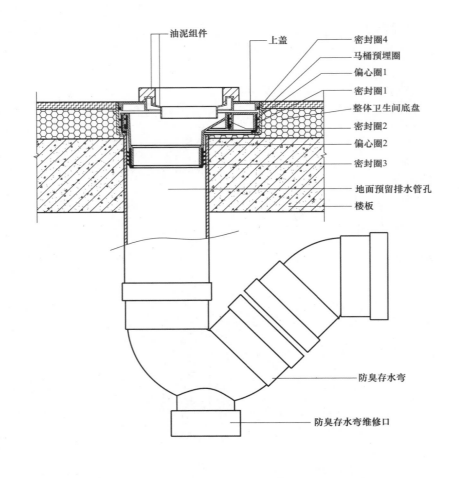

油泥组件　　上盖　　密封圈4
　　　　　　　　　　　马桶预埋圈
　　　　　　　　　　　偏心圈1
　　　　　　　　　　　密封圈1
　　　　　　　　　　　整体卫生间底盘
　　　　　　　　　　　密封圈2
　　　　　　　　　　　偏心圈2
　　　　　　　　　　　密封圈3

地面预留排水管孔

楼板

防臭存水弯

防臭存水弯维修口

| 图名 | 偏心坐便器防水通用节点详图 | 页次 | 34 |

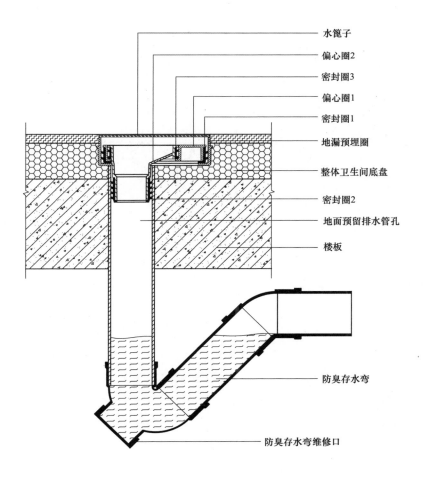

水篦子

偏心圈2

密封圈3

偏心圈1

密封圈1

地漏预埋圈

整体卫生间底盘

密封圈2

地面预留排水管孔

楼板

防臭存水弯

防臭存水弯维修口

图名	偏心地漏防水通用节点详图	页次	35

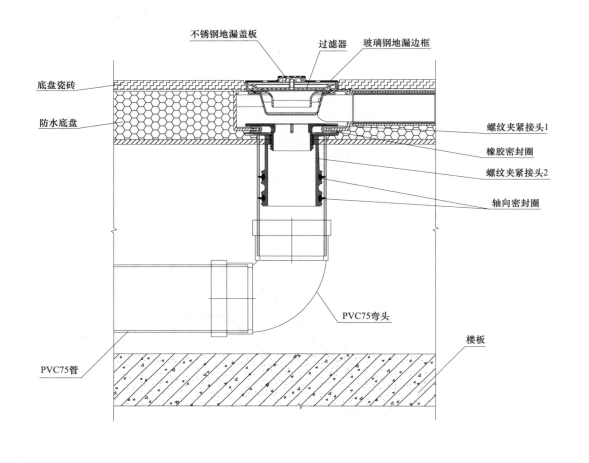

不锈钢地漏盖板　　过滤器　　玻璃钢地漏边框

底盘瓷砖

防水底盘

螺纹夹紧接头1

橡胶密封圈

螺纹夹紧接头2

轴向密封圈

PVC75弯头

楼板

PVC75管

| 图名 | 同层排水地漏防水通用节点详图 | 页次 | 36 |

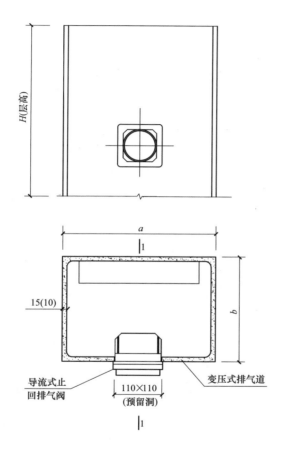

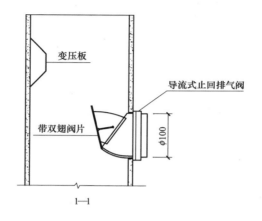

15(10)

a

b

H(层高)

变压板

导流式止回排气阀

带双翅阀片

1—1

导流式止
回排气阀

110×110
(预留洞)

变压式排气道

1

1

$\phi100$

注:
1. 导流式止回排气阀由生产厂家配套供应。
2. 在工程设计中,变压式排气道的类型及选用尺寸(a、b)由实际使用建筑层数确定。
3. 导流式止回排气阀与排气道的安装尺寸为 100mm×100mm,阀门与通风器的接口为 $\phi100$。

| 图名 | 导流式止回排气阀组装示意图 | 页次 | 37 |